REPROGRAMANDO NUESTRO CÓDIGO FUENTE

ARIEL AGRIOYANIS

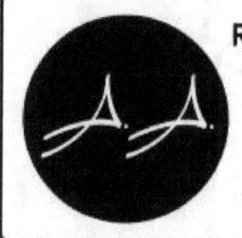

REPROGRAMANDO NUESTRO CÓDIGO FUENTE

© ARIEL AGRIOYANIS

Todos los derechos reservados

ISBN: 9798395063434
Imprint: Independently published
GTKS Entertainment

"Nuestra realidad no es más que lo que deseamos que sea."

Ariel Abrego Agrioyanis

AGRADECIMIENTOS

A todas aquellas personas de ciencia que, sin importar sus

creencias, se atreven a cuestionar nuestra realidad,

planteando asombrosas teorías, fundamentadas en la

matemática, la física y una pizca de sentido común

mezclada con imaginación e ingenio.

"Para mi padre, quien en 1989 trajo a casa un libro muy especial:

Breve Historia del Tiempo, de Stephen Hawking. Finalmente logré entenderlo. ¡Gracias Alberto, dondequiera que estés!"

ÍNDICE

INTRODUCCIÓN

Experimentos físicos como el de la doble rendija o la simple apariencia granular tanto de la materia como de la energía, ha llevado a muchos científicos de alto nivel de todo el mundo a afirmar que el universo, el cual incluye la realidad cotidiana que conocemos y que nos rodea, se comporta como un gran computador. De ser así, sería el computador más veloz y con mayor capacidad que alguna vez haya existido. Además, bajo las afirmaciones de esta proposición, que tiene entre sus entusiastas a los científicos Rich Terrile y Silas R. Beane y al filósofo Nick Bostrom, más que aclarar de dónde proviene nuestra existencia y todo lo que nos rodea, nos llena aún de más interrogantes. Aunque gran parte de la población siempre ha tenido la respuesta a la principal pregunta de todas: ¿quién es su programador?, aun así, surgen otras preguntas tales como ¿sería posible observar alguna falla como las encontradas en los computadores que conocemos? ¿Tendrá algún programa base en donde se ejecutan los otros? ¿Se puede acceder a su código fuente y reprogramar algunos de sus componentes?

Pensemos esto: tal vez es posible que alguna vez hayamos sido testigos de algún tipo de evento inverosímil o "falla" sin siquiera habernos percatado de ello o que quizás hayamos logrado, de alguna manera, interactuar con las instrucciones o algoritmos de nuestra realidad sin siquiera saberlo. Por lo que, a través de este libro, de ahora en adelante empezaremos a prestar mayor atención a los detalles de todo lo que nos rodea, especialmente con todo lo que interactuamos y logremos sacar nuestra propia conclusión sobre si la realidad que conocemos se comporta como un gran computador en donde cada acción nuestra a modo de instrucción cuenta.

*"Cada uno de nosotros domina más
conocimientos de los que nos imaginamos, pues
siempre hemos estado al mando de nuestro
propio destino, tomando decisiones, en pocas
palabras programando hacia a dónde vamos."*

Ariel Abrego Agrioyanis

1

¡SEAMOS REALISTAS!

Cada mañana nos levantamos a enfrentar la realidad en la que estamos envueltos en donde, algunos, aunque seamos más optimistas que otros, debemos lidiar tanto con cosas que nos agradan como con las que nos desagradan.

En fin, vivimos en un mundo en que estamos expuestos constantemente a situaciones que aunque no necesariamente ocurren en nuestro entorno cercano sino que, incluso, se van desenvolviendo en sitios tan distantes como las que ocurren en otros continentes, gracias a los medios de comunicación, entre ellos el internet, pero sobre todo a las redes sociales, las sentimos más cerca que nunca. En donde en cuestión de minutos o segundos, un evento, un video, una foto o una idea se esparce tan rápido como lo permita la transmisión de mensajes a través de las fibras ópticas con la que se conectan la mayoría de los servidores. ¿Pero acaso toda la información que nos llega es real? ¿Qué tan cierto es que tal o cuál evento pasó? ¿O qué tan cierto es que a alguna persona le ocurrió o dijo algo de lo que escuchamos?

La velocidad con la que viaja la información, nos ha demostrado que, aunque algún evento no haya ocurrido o algún personaje no haya dicho algo, al menos, por el lapso de unos minutos o horas puede percibirse como real, ya que al ser algo que vemos en todos lados lo asumimos como cierto, hasta que finalmente sale a la luz lo que realmente ocurrió y se aclaran los hechos. Entonces, nos damos cuenta con esta analogía que, aunque algo parezca o se sienta real no lo es necesariamente. Por lo tanto, podríamos plantearnos lo siguiente: ¿qué tan real es todo lo que percibimos nosotros?

Podemos afirmar, que es indiscutible que ajeno a lo que ocurra alrededor nuestro, son nuestros pensamientos, emociones y acciones las que al final crean nuestra realidad. Pero para ser así, primero toda esta información debe llegar a nosotros y pasar por nuestros sentidos. Los cuales son los sensores por los cuales pasa la información de nuestro entorno para finalmente llegar a nuestro cerebro y lograr hacer que percibamos las cosas en su totalidad, saber cómo lucen, se sienten, se escuchan, a qué huelen y a qué saben. Por lo que debemos comprender como funciona este mecanismo dentro nuestro organismo, para tener claro como nuestro cerebro interpreta y asimila toda esta información.

El cerebro: centro de comando de nuestra realidad.

Cómo se mencionó anteriormente, es el cerebro quien se encarga de percibir toda la información que llega a nuestro entorno. Pero bien, primero debemos entender un poco cómo funciona nuestro cerebro.

A diferencia de un computador convencional, nuestro cerebro es una compleja estructura compuesta por millones de neuronas: células especializadas cuya función principal es la de conectarse con otras neuronas y pasar la información que reciben; y que muy diferente a los computadores con los que trabajamos, no funcionan a base de código binario, es decir con encendidos y apagados; funcionan mediante la transmisión de ciertos compuestos químicos conocidos como neurotransmisores. Hasta hace poco se ha ido descubriendo como las neuronas logran recibir y pasar la información que les llega mediante el uso de los neurotransmisores de los cuáles existen diferentes tipos y que son capaces de estimular las neuronas de formas determinadas.

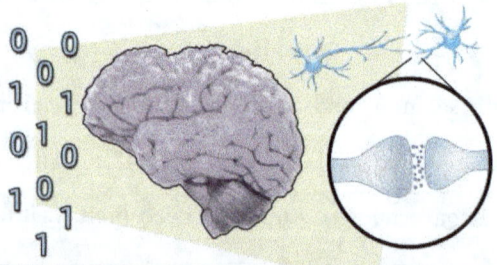

A diferencia de los computadores que conocemos, el cerebro no utiliza código binario, es decir, encendidos y apagados (1 y 0), sino que las neuronas que lo conforman se comunican a través de una serie de diversos tipos de compuestos químicos llamados neurotransmisores, que a modo de señales envían la información de una neurona a otra, a través de los espacios entre ellas que se denominan sinapsis.

El diseño anatómico de las neuronas, la principal célula de nuestro sistema nervioso y de la que la gran mayoría se encuentran en el cerebro, no sólo las hace independiente, sino que, a través de sus extensas ramificaciones, conocidas como dendritas, pueden recibir las información procedente de otras células nerviosas y a través del axón, una prolongación de mayor tamaño, la neurona puede transmitir la información a otras neuronas. Sin embargo, cada una de estas células especializadas no están interconectadas entre sí, como los cables de una habitual red eléctrica dentro de un edificio, sino que, entre cada una de estas células, en realidad existen espacios, a pesar de las ramificaciones de las neuronas, que se denominan sinapsis. Por lo que la comunicación entre estos espacios se logra realizar a través de señales químicas conocidas como neurotransmisores. Por lo que una vez una neurona es estimulada, sea de la piel, los ojos o los oídos, esta información hace que la neurona produzca a una velocidad casi instantánea un tipo específico de neurotransmisor que es liberado y que luego es captado por otra neurona que se estimula para luego repetir el mismo proceso hasta que esta información llega al cerebro, el cual finalmente es quien decodifica esa información y nos hace ver, sentir, escuchar y percibir el mundo que nos rodea. Pero a pesar de que este complejo proceso funciona casi a la perfección, hay ligeros desequilibrios, que pueden ser causados por enfermedad, componentes tóxicos o traumatismos que pueden hacer que el individuo perciba de forma alterada la realidad que lo rodea. La mayoría de estas enfermedades están bien documentadas, que van desde trastornos de la memoria hasta alucinaciones visuales y sonoras. Los cuales en muchos casos traen como efecto inmediato el comportamiento errático y la psicosis de los pacientes. En algunas otras ocasiones, una percepción errática del entorno, pueden hacer creer al individuo que cierta información captada es verdadera cuando en realidad es falsa. Son estos casos, cuando personas que no tienen ningún tipo de dolencia o enfermedad, aseguran haber visto, o escuchado cosas que para otros serían inverosímiles. Pues bien, en la mayoría de los eventos, resulta que estas personas han caído en la trampa de lo que se conoce como una ilusión. Así es, de la misma forma en como personas aseveran ver agua en mitad del desierto, cuando en realidad se trata de corrientes de aire caliente que refractan la luz; o cuando durante en un espectáculo un mago hace creer a los presentes que tiene la capacidad de flotar y hacer desaparecer objetos frentes a sus narices; o cuando un titiritero logra captar la atención de los niños al hacerlos creer que su acompañante artificial tiene la habilidad de hablar. Al final siempre se trata en engañar al cerebro quien es el que percibe la realidad de todo lo que nos rodea.

Ahora bien, exploremos otro punto más, pues, a pesar de que nuestro cerebro es quien percibe todo hay un factor determinante que nos hace reaccionar al conjunto de cosas que percibimos, el cual, aunque parezca increíble nos puede hacer ver, escuchar y sentir las cosas un tanto diferentes a como lo son en realidad: nuestra experiencia de vida.

Nuestras experiencias: intérprete de nuestro entorno

Lo aceptemos o no, cada uno de nosotros como persona es el resultado de muchos complejos factores, y entre esos destaca uno que indiscutiblemente nos marca en un amplio porcentaje: nuestras experiencias.

Todo el conjunto de cosas que hemos vividos, sean buenas o malas e, incluso, aquellas que diríamos que no tienen tanta relevancia, tales como eventos cotidianos y rutinarios al final influyen, en definitiva, en cómo nos comportamos y actuamos, pero sobre todo en cómo reaccionamos. Sin importar la escala social o del tipo de hogar del cual provenga el individuo, el conjunto de experiencias vividas va a influir en cómo se reacciona ante los eventos y, sobre todo, en la forma en como verá y percibirá el entorno que le rodea. Ahora bien, hay quienes han tenido dolorosas experiencias de vida, alterando por completo su personalidad. Afectando no solamente la manera en cómo se interactúa con otras personas sino que, más importante, su propia identidad. Las personas con estas características presentan profundos traumas que idealmente deberían de atenderse con expertos en psicología, o en caso de tener que requerir de medicación, con psiquiatras especializados, quienes deberán trabajar con ellos durante un largo proceso que puede durar, incluso, años para ayudarlos a percibir claramente la verdadera realidad de su entorno fuera de aquel evento desencadenante del trauma y, que puedan llevar una vida lo más plena posible a pesar de sus circunstancias. Afortunadamente, la mayoría de las personas no hemos pasados por situaciones traumáticas de tan grandes envergaduras. Pero, aun así, llevamos con nosotros experiencias que nos han marcado lo suficiente, para hacernos reaccionar de maneras muy peculiares en base a estos eventos vividos, incluso, llevándonos a percibir el panorama que nos rodea de forma tan distinta a la de otros.

Imaginemos el siguiente ejemplo, Pedro, luego de graduarse de la universidad es llamado para una entrevista de trabajo. Al llegar puede observar que al igual que él hay otras personas siendo entrevistadas para la misma plaza vacante. Al verlos se percata que algunos de ellos cargan una pequeña taza de café desechable que la asistente administrativa les ofreció como cortesía por su prolongada espera. De igual manera, aquella asistente decide ofrecerle a Pedro una taza de café la cual él de forma inmediata acepta. Rato después, estando próximo a entrar a la entrevista, de forma accidental vierte la taza de café sobre su camisa blanca, machándola irremediablemente. A Pedro no le quedó de otra que participar de la entrevista con su camisa y corbata manchadas, intentando captar la atención de su entrevistador con lo que tiene que decir, por sobre aquella llamativa mancha de café. Aunque probablemente el entrevistador no estuviese interesado en la mancha de café, aquella situación agregó estrés adicional a la entrevista de Pedro, haciendo que se alejara en explicar algunos puntos cruciales de las cosas aprendidas durante su época universitaria. Puntos que probablemente lo hubiesen favorecido en obtener aquel empleo, o que lo tuvieran en cuenta para alguna otra posición. Por consiguiente, aquella experiencia, hizo que en la próxima entrevista en la que participara Pedro, no aceptara beber ni comer nada, aunque se lo ofreciera con mucha gentileza el mismo entrevistador.

Probablemente, aquellas otras personas entrevistadas que no sufrieron el mismo percance que Pedro, ni siquiera le den importancia si le ofrecen algo de beber o no en una entrevista. Por lo tanto, la percepción de Pedro en cuanto a aceptar beber algo justo antes de una entrevista de trabajo cambió por completo. Podríamos decir, que se reprogramó a sí mismo para cuando tenga que participar en las entrevistas de trabajo subsecuentes.

Tal como le pasó a Pedro en el ejemplo anterior, a cada uno de nosotros como individuos nos han pasado circunstancias que hace que percibamos todo el contento alrededor nuestro de una manera muy particular y veamos y actuemos de acuerdo a lo que hemos experimentado previamente. Ahora bien, el actuar habitualmente de acorde a lo que hemos experimentado se convierte en un arma de doble filo para cada individuo, sobre todo, si se trata de personas que han sido marcadas muy fuertemente por sus experiencias, pues, es algo que indiscutiblemente es muy limitante y que solamente llevará al individuo a experimentar situaciones similares sin nunca darse la oportunidad de saber si otro tipo de decisiones pudieran traerle mejores y más gratificantes resultados. ¿Pero y qué tiene que ver esto en cómo percibimos nuestro entorno? De hecho, tiene que ver con todo, ya que en la mayoría de las ocasiones las personas toman una actitud preconcebida, en donde, antes de que las cosas ocurran, ya ven en su mente, como si se tratase de una película lo que está por venir o lo que según ellos está en realidad ocurriendo, algo que, muchas veces, desencadena una limitante dentro de la persona a tomar decisiones diferentes y a ver cosas más allá de las que están realmente a su alrededor.

Por otro lado, debemos tener claro que las experiencias no siempre se tratan de cosas que nos hayan marcado negativamente, pueden tratarse de cosas que nos marcaron de forma muy positiva, sin embargo, ocurre que cuando el individuo está demasiado confiado debido a que según su experiencia al actuar o tomar una decisión en cierta forma particular obtuvo buenos resultados, de pronto, ese exceso de confianza puede traer consecuencias completamente contrarias a las esperadas, trayendo fuertes sentimientos de culpa y de arrepentimiento que marcarán al individuo de forma negativa. Por eso, es importante comprender, que lo ideal es el tratar de percibir todo nuestro entorno tal cual como se presenta, sin basarnos fuertemente en nuestras experiencias. Aunque, las experiencias de vida que adquirimos sí es un factor importante, es algo que nos debe servir como referencia y no como una regla general de que cada situación que se presente tendrá características similares a lo que hemos vivido. En pocas palabras debemos reprogramarnos nosotros mismos, para apreciar con detalle lo que realmente está ocurriendo alrededor nuestro y poder tomar las mejores decisiones respecto a las circunstancias que se nos presentan, sin tener una idea preconcebida de los resultados que se podrían obtener basados únicamente en lo que hemos experimentado previamente, es decir, tener una mente abierta a las circunstancias y ver el panorama completo para poder tomar la decisión más acertada.

Finalmente, hay otro factor que influye la forma en cómo percibimos nuestra realidad: lo que se dice, lo que se oye y lo que aparentemente se ve de cierta forma. Es decir, lo que otros terceros nos hacen creer que es nuestra realidad.

Los medios de comunicación, el internet y las redes sociales

La influencia que cada uno de nosotros tenemos de los medios de comunicación es realmente abrumadora. Desde la forma en cómo nos vestimos, nos peinamos e incluso hasta las cosas que decimos está influenciada por lo que vemos, oímos, leemos y con las que ahora, en este mundo hiper-moderno, interactuamos a través de internet y las varias plataformas de redes sociales. Es algo, a lo que prácticamente ningún ser humano puede escapar, a menos que sea algún habitante de alguna isla apartada o algún otro sitio alejado y que cuente con sus propia cultura y forma de vida como los residentes autóctonos de cualquier otra área remota del mundo. Pero a pesar de toda esa influencia, cada persona cuenta con su propio criterio, especialmente, aquellas personas maduras que tienen muy clara sus creencias y su propia filosofía de vida. Sin embargo, aun así, lo cierto es que los medios son para la mayoría de nosotros una ventana por donde apreciamos nuestro entorno, nuestra realidad. Por tanto, muchas de las decisiones que tomamos día a día se basan en gran porcentaje a lo que percibimos a través de esas herramientas. Por ejemplo, si a través de las noticias nos enteramos que una protesta ha cerrado varias avenidas de nuestra ciudad, es probable que evitemos pasar por ellas o qué simplemente no salgamos para no exponernos a la agresividad como resultado de las protestas. Es así, como confiamos plenamente en la información de aquel noticiario. Algunos probablemente cambiarán el canal para ver el punto de vista de otro noticiario e, incluso, enciendan la radio para saber más al respecto. Al ver que más de tres medios diferentes reportan lo mismo, finalmente quedamos convencidos en cuanto a qué acción tomar al respecto. Por suerte, en nuestro entorno existe medios informativos que son casi certeros en su totalidad, no se podría aseverar que los son perfectamente porque puede ser que algo relevante se les escape al llevarse a cabo el complejo trabajo de documentar la información noticiosa. Pero paralelamente, existen otros medios que van distorsionando levemente las cosas que están ocurriendo, hasta muchas veces, ir resonando en otros medios, poniendo prácticamente a nuestro alcance una realidad paralela, la cual, que por increíble que parezca, muchas personas van tomando con seriedad. Esto es mayor visto, en internet y las redes sociales. De ahí las famosas campañas que se han estado llevando a cabo para que las personas no compartan información falsa, ya que estas traen en consecuencia que muchas personas, al percibir una realidad falsa, completamente diferente de lo que en verdad está ocurriendo tomen decisiones casi que a ciegas, con resultados negativos. Ejemplo de esto es como negocios e incluso grandes inversiones se han visto afectadas por decisiones erróneas que ha costado el empleo de muchas personas. Afortunadamente las campañas de conciencia para que las personas verifiquen y observen con detenimiento cuando les llegue una información, ha calado bastante bien y está disminuyendo el volumen de información falsa cuya única función es el distorsionar la realidad en la que nos desenvolvemos. Pero, aunque la información que nos llegue sea veraz, debemos desarrollar nuestro propio criterio, ver más allá de lo que simplemente se nos muestra para poder actuar de la forma más conveniente y no deberíamos dejarnos influenciar tanto por aquellas herramientas que solo nos muestran una pequeña porción de la realidad en la que nos desenvolvemos. Por consiguiente, las personas que logran ver más allá de la realidad que nos presentan todos los medios, están destinadas a romper paradigmas, logrando cosas más sobresalientes, destacando entre las demás de forma positiva.

Existen muchos otros factores que influyen en la forma en cómo percibimos nuestra realidad. Desde factores religiosos, tradiciones culturales, la época en la cual crecimos, incluso nuestros gustos, etc. Sin embargo, los antes mencionados, son algunos de los que más nos influyen como individuos. Por lo que para tener más claro lo que ocurre en nuestro entorno, es importante prestar atención a los detalles y todos los puntos de vista.

Las redes sociales son, hoy en día, el medio más directo por el cual las personas perciben la realidad que les rodea.

2

¡DESCABELLADA REALIDAD!

La realidad supera a la ficción; es un dicho que hemos escuchado múltiples veces, pero a pesar de ello, en la mayoría de los casos nos cuesta mucho el creer que acontecimientos completamente inusuales e inverosímiles puedan ocurrir. Por lo que a continuación exploremos un poco algunos de estos acontecimientos, para que comprendamos de forma contundente que la realidad en la que nos desenvolvemos va mucho más allá de las cosas que damos por sentado; de lo que simplemente percibimos.

El asedio de Capitol Hill

Durante las primeras horas de la tarde del 24 de agosto de 1814, el General británico Robert Ross entró junto con los hombres del ejército que comandaba a la ciudad de Washington, D. C., ocupándola por completo e incendiando lo más

19

importantes edificios, entre ellos, el Capitolio y la Casa Blanca, forzando a la primera dama Dolly Madison a huir desesperadamente. Durante el resto de aquel día fatídico, los principales edificios permanecieron ardiendo en llamas hasta bien entrada las horas de la madrugada, Al día siguiente, permaneciendo aún la ciudad capital de los Estados Unidos bajo el dominio británico y con los edificios aún con flameantes brasas, los británicos continuaron con el asedio, hasta que, de forma inesperada, el cielo se oscureció y fuertes ráfagas de vientos empezaron a levantar y desestabilizar las municiones y armas de aquella armada. Pero no acabó ahí, luego una fuerte lluvia, acompañada de vientos huracanados, no solo, terminó de apagar las estructuras incendiadas, sino que levantó árboles, carruajes, y escombros de los edificios que fueron lanzados ferozmente contra los soldados, hiriendo a gran cantidad de ellos. La tormenta parecía no detenerse e, incluso, un tornado la acompañó causando muchos más estragos entre los británicos. Los que quedaron de la aterrorizada tropa se reagruparon y decidieron zarpar en los barcos que aún eran funcionales, pues muchos de ellos quedaron destrozados por el oleaje y los vientos. Es muy conocida la frase de uno de los miembros de aquel batallón: "¡Dios mío! ¿Es este el tipo de clima al que están acostumbrados en este país infernal?"[1] Para aquellos británicos de aquel evento, la realidad de pronto se transformó, favoreciendo la liberación de Washington D. C. pues los británicos de aquella época acostumbraban a quedarse con los territorios que conquistaban, pero esa vez no pudo ser así, debido a aquella tormenta de magnitud bíblica. ¿Pero que la ocasionó? Los testigos de aquel entonces narran que aquel era un día soleado y perfecto. Muchos aseguran que una fuerza divina intervino para que Estados Unidos pudiera consolidarse como una poderosa nación independiente, pues de no haber ocurrido aquella tormenta, Estados Unidos no sería lo que es hoy en día. De alguna manera, para todo ese grupo de personas de aquel momento, simplemente la realidad se reajustó, de forma milagrosa, un giro que dio como resultado la historia que todos

---

[1] Weird weather saved America three times. The Washington Post.
https://www.washingtonpost.com/history/2019/03/2 0/weird-weather-saved-america-three-times/

conocemos. Pero, ¿cómo es eso posible? Pues bien,

ya profundizaremos en eso un poco más adelante.

El asedio de Capitol Hill por parte de los ingleses en 1814 dejó a la Casa Blanca en llamas, pero a pesar de todo, un inesperado y milagroso giro de las condiciones climáticas permitió que la capital de Los Estados Unidos se liberase de sus atacantes, cambiando la historia para siempre.

Famosos avistamientos de ovnis

Es cierto, es probable que la mayoría de quienes lean este libro no crean en la existencia de ovnis ni de extraterrestres. Sin embargo, lo primero que se debe aclarar que la palabra ovni es el acrónimo para objeto volador no identificado, esto quiere decir que no necesariamente el ver un ovni u objeto desconocido sobrevolando un área significa que se trate de algo fuera de este mundo. Pero en la mayoría de los reportes, resaltan la inusual apariencia y la ausencia de formas aerodinámicas que puedan facilitar que estos extraños objetos puedan siquiera levantar el vuelo o desplazarse por el cielo a tan altas velocidades. Lo que hace pensar a la mayoría de que se trata de algún tipo de tecnología muy superior a la que todos conocemos o simplemente algo fuera de este mundo. Por lo tanto, analicemos los hechos de algunos de estos casos que nos hace pensar que los límites de la realidad que conocemos se extienden mucho más allá de lo comprensible.

Objetos voladores sobre Nuremberg

Era la mañana del 14 de abril de 1561, cuando al salir los primeros rayos de sol, los pobladores del lugar quedaron sorprendidos y fascinados por algo sobre aquel cielo de primavera: lo que parecía ser, según los testigos, esferas de color rojo y negro surcando el cielo, aparte de lo que algunos describieron como discos anulares. Adicionalmente, múltiples testigos señalan haber visto objetos con otras formas, algunas rectangulares y otras alargadas como si se tratasen de extensos tubos. Pero de todas las descripciones presentadas, la del objeto de gran tamaño con el aspecto de una lanza o flecha es la que más llama la atención, pues para las personas de la época aquel objeto era un símbolo de algún tipo de advertencia divina. Pero aquel conjunto diverso de objetos, no permaneció estático o se movió en una dirección, pues los observadores aseguran que aquellas cosas en el aire parecían pelear entre sí, a tal punto, que muchos de esos objetos caían hacia la tierra para luego disiparse entre estelas de vapor. Lo cierto es que los testimonios presentados fueron múltiples, al punto que, en el que luego se convertiría en uno de los primeros medios informativos de la época se hizo mención de tan extraño evento celeste. ¿Cómo es posible que diversas personas, desde distintos sitios pudiesen haber observado tan inusual avistamiento sobre el cielo? ¿Habrá ocurrido en realidad o se trataría de algún tipo de histeria colectiva? Pero si los testigos estaban separados en la distancia, es poco probable que se tratase de algún tipo de histeria colectiva o sugestión en masa. En definitiva, algo se vio sobre los cielos de Núremberg, durante casi una hora completa aquella mañana. Los escépticos solamente se limitarían a decir que probablemente las personas de la época en su ignorancia, tal vez presenciaron un fenómeno natural y que tal vez, dejándose llevar por la sugestión de otros afirmaron haber visto algo que en realidad no ocurrió. ¿Pero tantas personas a la vez? Afirmar que todo un pueblo entero alucinaba o que simplemente están descabellados sería inaudito. Pensémoslo por un momento, aquello que ellos presenciaron simplemente se trataba de algo que va mucho más allá de lo que normalmente abarca nuestra realidad y aceptarlo, tal como muchas de aquellas personas debieron haberlo hecho en aquel momento, nos haría cuestionarnos todo.

El día que los ovnis detuvieron un partido de futbol

En la tarde del 27 de octubre de 1954, en Toscana, Italia, casi 10 mil espectadores se habían reunido en el estadio Artemi Franci, para presenciar el partido entre el poderoso Fiorentina y su rival local el Pistoiese. Durante los primeros minutos del aquel juego de futbol, el público no paraba de vitorear a su equipo favorito, pero luego, después del medio tiempo el estadio quedó misteriosamente en absoluto silencio. De pronto, un rugido se sintió sobre la multitud, la cual había dejado de mirar el partido para mirar hacia arriba. Aquello hizo que los jugadores dejasen de seguir el balón el cual siguió rodando hasta detenerse. Según lo que testificaría el legendario futbolista Ardico Magnini tiempo después, se trataba de un objeto de forma ovalada, similar a un huevo, que se desplazaba muy lentamente sobre el cielo y, mientras todos miraban hacia el cielo, algo resplandeciente empezaba a salir bajo él, algo con resplandor plateado, dejando a todos en shock. El partido irremediablemente tuvo que ser suspendido ese día debido al temor y al estado de sorpresa de cerca de las 10 mil personas que se encontraban allí, incluyendo a los jugadores. Después, a lo largo de ese día, en otras áreas de Toscana hubo múltiples reportes de avistamientos de objetos similares e, incluso, otros con forma de cigarro, los cuales continuaron siendo avistados varios días después por todo el área.

Incidentes con los ovnis Tic Tac

Los incidentes con los ovnis Tic Tac, son una serie de avistamientos ovnis que han sido documentados por el cuerpo naval de los Estados Unidos. Estos incidentes, los cuales fueron revelados a mediados del 2017, se sustentan en una serie de videos que fueron obtenidos a través de jets de combates pertenecientes a los portaviones USS Nimitz y Theodore Roosevelt, entre los años 2004, 2014 y 2015. Estos videos, cuya veracidad fue confirmada por la naval de Estados Unidos en 2020, muestran imágenes en primera persona de los jets persiguiendo a altas velocidades a estos objetos ovalados, los cuales superan en velocidad a los jets y realizan movimientos tan vertiginosos y bruscos, imposibles de igualar por las actuales aeronaves conocidas. Para los escépticos, estas imágenes, de incuestionable veracidad, han sido objeto de debate, toda vez que aquello lleva al límite el concepto que se tiene de la realidad. Pues entonces, confirma una vez más que hay que replantear todo lo que conocemos acerca de nuestro mundo.

Otros acontecimientos inverosímiles

Exploremos un poco más de cerca ciertos eventos que escapan del entendimiento humano y cuyos registros parecen indicar que en realidad ocurrieron.

Danza imparable

En una tarde del mes de julio de 1518, en la ciudad de Estrasburgo, Francia, una señora de apellido Trauffea se paró en mitad de la calle y empezó a danzar. Hasta ese momento no parecía ser nada extraordinario, solo algo inusual, sin embargo, al prolongarse su danza por horas, empezó a atraer la atención de las demás personas, quienes se preguntaban que ocurría con ella. La señora Trauffea continuó con su danza por varias horas más hasta caer exhausta al suelo. Al día siguiente, sin dar explicación alguna, continuó con su danza, llamando la atención de más personas, quienes, atraídos por sus singulares movimientos, parecían no poder evitar el imitarla. Pronto más de una docena de personas continuaron bailando por horas y horas, luciendo evidentemente exhaustos de tan intensa actividad física. Y de forma sucesiva muchas otras personas se unían a la danza sin aparente explicación. El extraño evento se extendió por varios días, en donde cada vez más participantes sin dar alguna explicación o decir alguna palabra coherente se unían a aquella danza. Aquello elevó las alarmas de las autoridades, solicitándoles a las personas qsue observaban que se alejasen, pues parecía ser un tipo de plaga desconocida que hacía que aquel que se acercase demasiado no pudiera evitar el unirse a la danza. Para cuando había pasado casi una semana, cerca de 400 danzantes se habían unido, los cuales lucían exhaustos al no poder detenerse y, poco a poco muchos de ellos empezaron a caer muertos debido al excesivo agotamiento físico, otros por fallas en sus sistemas, como infartos y derrames. Para el mes de septiembre de aquel año la manía se había detenido.

Terror en Enfield

Este es uno de los casos de fantasmas más conocidos alrededor del mundo debido a que ha servido de inspiración para múltiples películas y documentales, la más reciente, el Conjuro 2, por lo que muchos de nosotros, prácticamente sabemos en que consistieron aquellos eventos. Mas lo que muchos no saben, es que lo que empezó en aquel verano de 1977 y que experimentaron la señora Peggy Hodgson y sus hijas, no solo se tratan de rumores, sino de acontecimientos que fueron muy bien documentados por personas estudiadas y con larga trayectoria en su campo. Algo que otorga mayor credibilidad a lo que ocurrió en la casa 284 de Green Street en Enfield. Durante un periodo de casi 18 meses, la hija mayor de Peggy Hodgson, Janet, en aquel entonces de 11 años, pareció servir de intermediaria para una entidad con voz áspera y misteriosa. La madre, Peggy Hodgson empezó a prestar atención cuando una noche entró a la habitación de las chicas y pudo presenciar como una pesada cómoda se desplazaba por cuenta propia de un lado a otro de la habitación. Aquel evento hizo que de inmediato llamara a su vecino, el señor Vic Nottingham, quien luego de recorrer la casa y pese a no encontrar nada inusual, afirmó haber escuchado golpes provenientes de las paredes, por lo tanto, no dudó en llamar a la policía. Carolyn Heeps, policía de la estación local, afirmó que al llegar pudo ser testigo de cómo una de las sillas del comedor, se levantó alrededor de media pulgada del piso, para desplazarse por cuenta propia a casi más de un metro de distancia de donde se encontraba inicialmente. A partir de entonces, el caso fue investigado y seguido por la prensa, quienes se enteraron de él a través del reporte de la policía. Pronto, más de una treintena de persona atestiguarían haber presenciado algún tipo de evento paranormal en esa vivienda, sobre todo, cuando las hijas de Peggy Hodgson se encontraban cerca; desde objetos que eran lanzados al aire sin explicación alguna, sonidos provenientes de las paredes, tales como golpes y chirridos e, incluso, la levitación de Janet, la hija mayor, quien en ocasiones hablaba por horas con una voz grave y áspera, un esfuerzo que en circunstancias normales habrían dejado un efecto negativo en las cuerdas vocales de la adolescente. Aquellos eventos que se extendieron hasta 1979 tuvieron entre algunos testigos al fotógrafo Graham Morris, quien logró capturar algunas imágenes de la levitación de Janet; Maurice Grosse, miembro de la Sociedad para la Investigación Psíquica; y Rosalind Morris, reportera de la BBC. Todos ellos confirmaron el desarrollo de eventos paranormales en este caso. Lo que hace cuestionarnos aún mucho más el cómo puede ser posible que se rompan las reglas físicas que todos conocemos. Exploremos un poco más algunos otros casos igual de extraños.

Extraños eventos en Nueva York

La ciudad de Nueva York es una de las ciudades más icónicas y visitadas del mundo. No es de extrañar, ya que aparte de contar con múltiples atractivos turísticos, es la sede de las empresas que manejan el mayor porcentaje de los negocios a nivel mundial, de ahí el dicho que, si el mundo tuviera una capital, definitivamente sería la ciudad de Nueva York. Por tal motivo, anualmente miles de personas, especialmente jóvenes se aventuran a intentar alcanzar sus sueños en esta urbe. Pero como todo lugar con larga historia y más aun siendo durante mucho tiempo hasta nuestros días un punto de entrada a los Estados Unidos, no está exento de extrañas leyendas, relatos e historias, que muchos aseguran ser reales. Entre estos relatos destaca el del Hell Gate Bridge, el cual es el puente de una vía férrea construida con acero y piedra, y que se extiende sobre el río Este de la ciudad de Nueva York. En este lugar al haber ocurrido muchos accidentes y fallecimientos, muchos aseguran haber oído y ver los rastros de un antiguo tren que se desvanece sobre las vías. Muchos creen que aquel tren lleva las almas de aquellos que han fallecido en ese lugar, quienes se han ahogado allí o de quienes han muerto y sus cuerpos han sido lanzados a ese mismo río. Otras de las más fascinantes leyendas de la ciudad de Nueva York, se desarrolla en Times Square, en el Teatro Belasco de Broadway. El teatro abrió sus puertas en 1907 en la calle 44 y fue diseñado por el arquitecto George Keister a solicitud del propietario del lugar, el empresario y productor de teatro David Belasco, quien se encargó de impulsar las carreras de múltiples actores y artistas. Y a pesar de su muerte en 1931, el teatro se ha mantenido operando hasta nuestros días. Sin embargo, desde el fallecimiento del señor Belasco, son muchas las personas, tanto de las producciones de las obras como del público que afirman haber visto su fantasma. Hay quienes aseguran que la presencia de este espectro al estrenarse una obra es una señal de aprobación de parte del señor Belasco y por tanto la obra ha sido bendecida. Aún hoy en día hay quienes están pendientes de ver si el señor Belasco se presenta para aprobar los estrenos en dicho teatro. Finalmente, no podría mencionar el Times Square sin dejar de narrar mi propia experiencia personal de un extraño evento que ocurrió en una de las ocasiones que visité aquel sitio, durante el otoño de 2015. Aquel año tuve la oportunidad de acompañar a mis padres a la ciudad de Minneapolis en Minnesota, dado que afortunadamente la fecha de mis vacaciones había coincidido con el momento en que ellos participarían de un congreso en dicha ciudad. Por lo que, sin reparos, me ofrecí en acompañarlos en su travesía. Los días que estuvimos en Minneapolis fueron muy amenos, pues tuve la oportunidad de pasar con ellos tiempos de calidad, acompañarlos a sus conferencias e incluso planear un recorrido por los distintos atractivos turísticos que ofrece aquella ciudad. Debo destacar, que previo a aquel viaje, los convencí a ambos en quedarnos de regreso unos días en Nueva York, pues estaba más que seguro, que los sitios turísticos de allí los entusiasmaría a ellos mucho más. Finalmente, al llegar a Nueva York, nos hospedamos en un muy acogedor hotel cerca de Central Park, justo una cuadra después del famoso edificio Dakota (el cual por cierto tiene sus propias historias de eventos extraños). Los primeros días disfrutamos de todo lo que los museos de la gran manzana pueden ofrecer, también recorrimos Central Park, e incluso, visitamos la Estatua de la Libertad, el bajo Manhattan y Wall Street. Ya en nuestro antepenúltimo día, decidimos que era hora de hacer un recorrido completo en Times Square, aquel día fuimos a otros sitios de interés y al llegar a Times Square, se encontraba iniciando la puesta del sol. Al inicio, al igual que el resto de los turistas, buscamos los puntos más convenientes para tomar las fotos del recuerdo, luego, caminamos de un lado a otro, entre la muchedumbre para conocer la mayor cantidad de locales comerciales que pudiéramos y al final, terminamos entrando a un deli, una de esas pequeñas tiendas que más que todo, se encargan de vender snacks y bebidas, para reabastecernos un poco de energía. Al salir de aquel local, de forma precavida, nos fuimos caminando uno al lado del otro, mientras opinábamos de todo lo que veíamos. Al llegar a la esquina de la calle 43 con la 7ta Avenida, nos detuvimos antes de cruzar la calle y cuando yo miré hacia un lado, me percaté que me encontraba hablando solo, pues ninguno de mis padres estaba conmigo. Mire alrededor y nada. Lógicamente volví hacia atrás, realizando otra vez todo el recorrido por el que habíamos venido, y sí, a pesar de haber muchas personas, lo cual obviamente, haría que fácilmente cualquiera se perdiera de vista, lo inusual fue, que decidí detenerme por varios minutos en una esquina, donde un elevado borde sobre la acera hacía las veces de una larga banqueta donde muchas personas se sentaban a tomar un descanso. Tiempo después mis padres me afirmaron que permanecieron allí todo el rato, esperando a que los avistara, pues los tres estábamos seguros de estar en el mismo lugar al mismo tiempo, y mis padres, que estaban juntos, permanecieron preocupados por no verme. Lo extraño es que, a pesar que yo recorrí toda esa área con calma, observando con detalle a cada persona que se encontraba en ese lugar, nunca los encontré. Finalmente, decidí dirigirme al restaurante donde habíamos quedado en vernos, en donde los esperé por casi una hora, hasta cuando finalmente ellos decidieron abandonar aquella esquina y llegar a aquel restaurante. Durante mucho tiempo hablamos de lo desagradable que había sido esa experiencia para nosotros, ya que, a pesar de ser el Times Square un ícono del turismo mundial, es conocido que aquel sitio ha sido escenario de diversos crímenes. Y a pesar de que pasaron muchos años desde aquel incidente, mis padres siguieron asegurando por mucho tiempo que ellos permanecieron en el mismo lugar donde yo permanecí por más de media hora sin verlos, y donde me aseguré en observar exhaustivamente a cada una de las personas que allí se encontraba. Por lo que por más que intentamos darle sentido, siempre nos pareció profundamente extraño. Tiempo después investigué un poco acerca del Times Square, y es uno de esos lugares que cuenta con una larga lista de historias insólitas, que van desde fantasmas, extrañas pérdidas del tiempo, hasta con lo que muchos denominan errores en nuestra realidad, algo que ha tenido amplia cobertura en internet, en donde destacan múltiples videos montados por usuarios en diversos canales de YouTube.

Errores en nuestra realidad

Para aquellas personas que no dejan pasar por alto ninguna novedad a través de las redes, blogs de opinión y especialmente de YouTube, deben estar familiarizadas con los ejemplos de errores en nuestra realidad que se muestran a través de los mencionados medios digitales. Ahora bien, para aquellos que no están seguros de que se trata, les ampliaré el concepto.

Recuerdas aquella película en el que al protagonista se le ofrece una píldora para saber la realidad detrás de la realidad, así es, Matrix, un film que de hecho está inspirado en una teoría física que está tomando mayor importancia en estos días. Si de veras es cierto que nuestra realidad funciona como aquella película protagonizada por Keanu Reeves, entonces, en extrañas ocasiones deberíamos de poder apreciar, aunque sea muy de vez en cuando, ligeros errores que tal vez, aunque no sean tan perceptibles, serían suficientes para cuestionarnos todo lo que nos rodea. En fin, al parecer hay múltiples reportes alrededor del mundo de eventos tan extraños, que lucen exactamente igual a los errores que encontraríamos en nuestros computadores o en los juegos de video. Veamos algunos casos que son tan famosos que no caben dudas de que hayan ocurrido.

Ciudad sobre el cielo

En octubre de 2015 un video publicado en YouTube se hizo rápidamente viral, sobrepasando el millón de visitas en cuestión de minutos. El fenómeno que pudo avistarse sobre las regiones chinas de Jiangxi y Fosham, consistió en lo que parecía ser una extraña formación de nubes con las características de una ciudad con sus respectivos rascacielos, de formas perfectamente rectangulares que se mostró visible por varias horas, descartando que se tratase de un banco común de nubes con esas características. Los miles de testigos afirman que era muy perfecto para tratarse simplemente de nubes o de algún reflejo, y por supuesto que se atribuyó a un error de nuestra matrix, o sea, de nuestra realidad.

En múltiples ciudades del mundo se ha reportado el fenómeno de nubes con formas muy definidas; incluso, en algunas ciudades de China hay testigos que aseguran haber visto lo que parecen ser ciudades sobre el cielo.

Apariciones repentinas

Tal vez esta es una de aquellas cosas raras que ocurren con frecuencia, pues a muchos les ha pasado. De pronto entras a una habitación en donde no hay nadie, das la vuelta, y sorprendentemente hay alguien más allí. Te quedas extrañado porque estabas seguro que no había nadie en aquel lugar y verificas que no hay ninguna otra entrada o salida y, simplemente, esa persona te pasa al lado y te sonríe. De tal forma, que puedes confirmar que no se trata de algún ser espectral, sino de una persona tan real como tú. Luego te haces la pregunta, ¿cómo no lo vi antes? Y te dices a ti mismo que posiblemente la mente te hizo una mala jugada y por tal motivo tu vista no captó a aquella persona que estuvo todo el tiempo junto a ti. ¿Pero y que tal si de veras aquella persona apareció en aquel lugar de forma espontánea? Claro, la razón nos dice que aquello no es posible, aunque muchas personas aseveran haber sido testigo de actos de materialización repentina, los cuales nunca antes habían tenido tanta credibilidad como ahora, en que prácticamente hay una cámara filmando cada detalle de nuestro entorno, aparte de la que todos llevamos en nuestro teléfono móvil. Ya que en los últimos años muchos canales de YouTube, se han inundado con videos aparentemente reales; algunos captados por cámaras de vigilancia y otros por las lentes de los celulares de los testigos, en donde se aprecia como personas, animales e inclusive autos aparecen de forma esporádica en medio de diversidad de sitios, algunos inclusive tan concurridos, que al parecer algunas personas no parecen notar lo ocurrido. Pero claro está, hoy en día, nada que ocurra en público pasa desapercibido.

Aparte de apariciones repentinas, las cámaras parecen haber captado gran variedad de cosas extrañas, como aves que flotan sin mover sus alas, objetos inanimados que se mueven en patrones repetitivos e, incluso, extraños fenómenos meteorológicos. En fin, aunque cueste creer que aquellos videos o testimonios sean reales, tal vez, aunque sea que un pequeño porcentaje de aquellos casos hayan realmente ocurrido, son suficientes como para que cuestionemos de qué está compuesta nuestra realidad, como para que las reglas físicas que la componen, de alguna manera, se puedan en algunas ocasiones romper.

3

¿DE QUÉ ESTÁ COMPUESTA NUESTRA
REALIDAD?

Preguntas como la del título de este capítulo y otras más tales como cuándo se formó nuestra realidad o universo, y quién la hizo, los seres humanos durante mucho tiempo las hemos intentado responder de diversas formas, en donde resalta particularmente las respuestas de enfoques religiosos, que, aunque agrega aún más interrogantes, en raras ocasiones se han cuestionado, hasta que finalmente, ya entrado el siglo 20, que gracias a los irrefutables avances científicos, se empezó a dar luces a muchas dudas que teníamos en torno a la naturaleza que nos rodea, a tal punto, que se ha llegado a cuestionar sin temor y a viva voz qué es nuestro universo y de qué está compuesto, cuál es su origen y cuál podría ser su final. En pocas palabras qué es nuestra realidad y si tendrá algún final todo lo que conocemos. Es así como surgen grandes expositores, basándose en las reglas físicas, respaldadas por las matemáticas, durante todo el siglo 20, de los cuales destaca el científico alemán de raíces judías Albert Einstein.

El inicio del cuestionamiento científico de nuestro universo

Prácticamente el cuestionamiento científico y formal de nuestro universo se inicia con la Ley de Gravitación Universal de Isaac Newton, publicada en su libro Philosophiæ Naturalis Principia Mathematica en 1687, en donde se unificó las bases de la física y la matemática conocida hasta el momento y se logró explicar objetivamente, desde un punto de vista científico el comportamiento de los cuerpos celestes en nuestro universo, básicamente, con la siguiente enunciación: *"cada partícula atrae a todas las demás partículas del universo con una fuerza que es directamente proporcional al producto de sus masas e inversamente proporcional al cuadrado de la distancia entre sus centros."* Sin embargo, a pesar de que desde el punto de vista científico, lo que expuso Isaac Newton, unificaba por primera vez todos los conceptos de la física conocida, otorgando prácticamente una explicación en cómo funcionaba cada aspecto de la mecánica de nuestra realidad. Aquello obviamente le dio un sentido y una razón de ser a cada circunstancia conocida, dejando poco a poco de lado las falsas supersticiones en cuanto a cómo funciona nuestra realidad y el universo en sí. No obstante, a pesar de que Newton había unificado la física, todavía existían algunos aspectos conocidos de la mecánica de la naturaleza que parecían no encajar con la ley que había expuesto, como por ejemplo, la explicación de la órbita del planeta Mercurio, la cual no sigue la trayectoria que de acuerdo a las leyes de Newton debería seguir: la de una órbita cerrada, sino que se trata de una elipse que continúa rotando a medida que realiza cada órbita, haciendo que realice un movimiento de precesión, posicionándose cada vez más distante cuando está en su ubicación más cercana al sol. De allí que se postulara que tal vez existía otro planeta, al que muchos llamarían Vulcano, que no se hubiese descubierto y que con su fuerza gravitacional explicara el comportamiento de la órbita de

Mercurio. Pero aparte de este caso, existen otros ejemplos que no se ajustan a lo expuesto por Newton:

•La luz, a pesar de no tener masa, sufre una desviación al exponerse a grandes fuerzas gravitacionales. Algo que, según Newton, solo se aplicaría a los cuerpos con masa. Haciéndola una excepción a lo que había expuesto.

•El movimiento de rotación de las galaxias observables no se ajustan a los principios de la Ley de Gravitación Universal, dado que las estrellas más lejanas al centro, parecen incrementar su velocidad de rotación por lo que entonces realizarían órbitas de forma más rápida, todo esto indicaría que existe una fuerza desconocida en los bordes externos de las galaxias, por lo cual se tuvo que desarrollar la teoría de una materia no observable o materia oscura para poder explicar esto.

En fin, a medida que se iban realizando mayores observaciones y estudios desde las leyes de Newton, surgían pequeñas incongruencias que no lograban explicar absolutamente todo, aunque cabe destacar que las Ley Gravitacional de Newton si fue bastante precisa en cuanto a la física que nos rodea y aún hoy sigue siendo utilizada para explicar muchos aspectos de nuestra realidad. Es por esto que, a pesar de ser un estándar en la física por muchos años, llegaría el momento en que una teoría lograría agregar las partes que parecían estar faltantes: La Teoría de la Relatividad de Albert Einstein.

La Ley de Gravitación Universal de Sir Isaac Newton nos indica que todo cuerpo de mayor masa atrae a los de menor masa.

La percepción de lo relativo

Indiscutiblemente lo que hace interesante la biografía de Albert Einstein, es la normalidad de sus vivencias de sus primeros años, en donde destaca el apoyo de su seno familiar y el hecho de ser un estudiante promedio, sin extraordinarios logros o deficiencias como muchos han creído. Lo que nos hace considerar que tal vez todos tenemos capacidades para destacar si de veras vamos tras ello, tal como lo hizo él años posteriores después de haber concluído su educación secundaria, llegando a ser la mente más elogiada del siglo 20. En fin, la vida misma de Albert Einstein nos enseña que no solamente la relatividad se limitaba a su teoría y que ella misma podía extenderse a todos, siempre y cuando de forma enfocada busquemos un propósito. Después de obtener su título del bachillerato, Einstein, se matriculó en la Escuela Politécnica Federal de Zurich para estudiar matemáticas y física, para luego en 1915 postular formalmente la Teoría General de la Relatividad. ¿Pero exactamente en qué consiste la Teoría General de la Relatividad y que tiene que ver con nuestra percepción de la realidad? Pues bien, la

Teoría General de la Relatividad que se sustenta bajo Las Ecuaciones de Campo de Einstein, explica como la materia junto a la energía, conforman la base sobre la cual se sustenta el funcionamiento de nuestro universo o realidad, espacio-tiempo. En donde se demostró que una gran cantidad de masa tiene la capacidad de distorsionar el tejido del espacio-tiempo, obligando a los cuerpos en movimiento a seguir aquella curvatura o surco dentro de esta distorsión, quedando atrapados por los cuerpos de mayor masa o gran tamaño. Por lo tanto, adicional a esta explicación, junto con la ecuación de campo del vacío, dentro de su misma teoría, Albert Einstein logra explicar la razón de la inusual órbita de Mercurio.

La fórmula que es la base de la teoría de la Relatividad de Albert Einstein, en donde la E representa la energía, la m es la masa y la c es la velocidad de la luz al cuadrado. Eso quiere decir que la energía que posee todo cuerpo es el equivalente de su masa multiplicada a la velocidad de la luz al cuadrado, lo que quiere decir, que todo objeto tiene la capacidad de liberar una cantidad exorbitante de energía.

A pesar que la Teoría de la Relatividad lograba llenar las partes faltantes de Newton, había otros aspectos de nuestro universo que parecían no encajar lo suficiente, sobre todo a nivel micro, dado que las leyes de Newton y la Teoría de la Relatividad logran explicar todo a niveles grandes, pero en cuanto a niveles atómicos y subatómicos existían inconsistencias, cosas que no parecían ajustarse a nada de lo que ambos científicos habían logrado exponer. Por lo que a inicios del siglo 20 Max Planck, intentó explicar el por qué de la catástrofe ultravioleta, que no es más que la teoría presentada por Michael Faraday, que luego fue postulada por James Clerk Maxwell, en donde la luz, el magnetismo y la electricidad forman parte de un mismo fenómeno y que cuando un cuerpo recibe distintas longitudes de onda de luz, debe emitir radiación de igual forma en diferentes longitudes de onda, ajustándose a su cambio de frecuencia de forma indefinida acorde a sus cambios de temperatura, sin embargo aquello no ocurre, por lo que cuando Max Planck enuncia que no existe una continuidad en la luz que absorbe y que consecuentemente emite un cuerpo en forma de energía, sino que lo que se absorbe y lo que se emite son pequeños grupos o paquetes, a los que ahora llamamos cuantos o quantun, es cuando finalmente se empieza a consolidar lo que conocemos como la física cuántica.

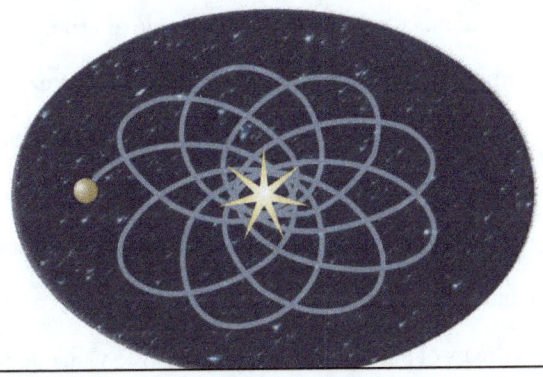

Característica de la órbita de Mercurio, en donde se puede apreciar como fluctúa la distancia de este planeta con respecto al sol debido a su órbita elíptica. Esto, junto a la inclinación que tiene sobre su propio eje hace que el planeta posea en algunas ocasiones doble amaneceres.

La realidad a pequeña escala

Los componentes exactos del átomo no se conocieron hasta después de 1897 cuando Joseph John Thompson hizo el asombroso descubrimiento del electrón, pues previo a este descubrimiento prevalecía el modelo atómico del John Dalton, que básicamente se sustentaba en lo expuesto en la antigüedad por los filósofos griegos Demócrito, Leucipo y Epicuro. Por eso desde que se conoció la existencia del electrón con su carga negativa, se empezaron a dar grandes avances, donde el modelo del átomo pasó por diversas etapas hasta llegar al que se conoce actualmente, en donde el átomo está compuesto por un núcleo central, que a su vez está comformado por dos principales partículas: neutrón y protón, los cuales a través de una intensa correlación nuclear permanecen unidos. De estas, la única que cuenta con una carga eléctrica que resalta es el protón, la cual es positiva; y alrededor de aquel núcleo, se encuentran orbitando en capas una cantidad limitada de electrones dependiendo de su nivel de energía. Recordemos que la electricidad se produce cuando los electrones que orbitan un átomo saltan a la órbita de otro, emitiendo diversas cantidades de energía a nivel cuántico.

Este modelo contemporáneo del átomo ha sufrido los últimos años ciertas actualizaciones. Pues, hasta hace poco, se descubrió que dentro de los átomos existen a su vez partículas mucho más pequeñas que lo conforman, como los quarks y los gluones que se encuentran dentro de los protones y neutrones, a las que también se les conoce como partículas elementales, las cuales hasta donde se sabe son indivisibles, y que al agruparse se le conoce como hadrón.

Modelo estándar del átomo

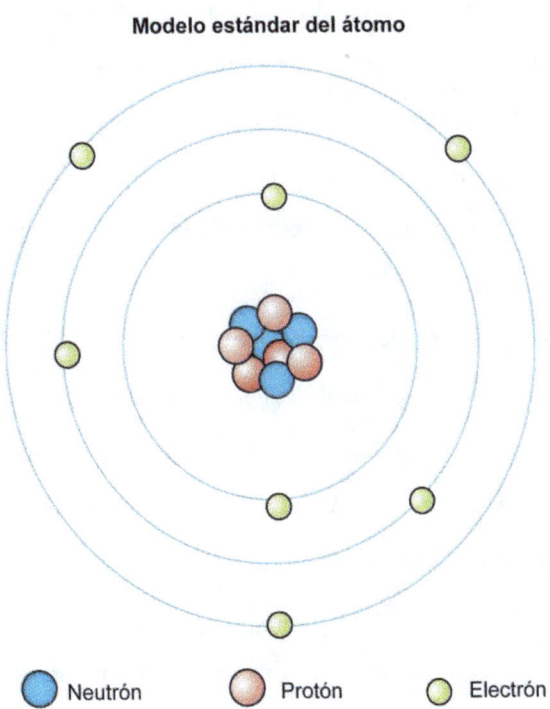

Pero estas no son el único tipo de partículas elementales, existen otras más que se han ido descubriendo recientemente gracias al más grande acelerador de hadrones construido hasta ahora, ubicado entre Francia y Suiza. Lo que se conoce hasta el momento es que estas minúsculas partículas, normalmente no se encuentran libres en la naturaleza ya que, cuando están en ese estado, son muy frágiles y tienen a degradarse, sin embargo, cuando forman parte de un objeto material, es decir, al estar unidas a otras partículas hasta formar objetos completos, son más estables, pero aun así se consideran que son lo suficientemente impredecibles como para determinar qué lugar ocupan en un momento dado. Otros de los aspectos más inentendibles de este tipo de partículas es la forma dual en cómo pueden comportarse, ya que han demostrado el poder interactuar ante otro factor determinante: la presencia de un observador.

Interacción ante el ser consciente

Entre todos los aspectos del comportamiento de las partículas a nivel cuántico, el que menos se ha logrado comprender a cabalidad es el de su extraño comportamiento ante el ser consciente u observador. Todo inició cuando en 1801 el joven físico Thomas Young decidió realizar un experimento para aclarar la naturaleza de la luz ya que, hasta ese momento, predominaba lo expuesto por Isaac Newton, en donde la luz se presentaba de forma corpuscular, sin embargo, aquello no explicaba cierto comportamiento de la luz, como por ejemplo, el por qué las partículas no parecen chocar cuando dos rayos de luz se cruzan, o el efecto de la refracción. En ese experimento Young hizo pasar una única fuente de luz a través de dos rendijas abiertas sobre una pantalla, esperando que un fondo fotosensible detrás de esa pantalla, pudiera dejar el rastro de los efectos de la luz, para comprobar su teoría. En efecto, Young pudo comprobar, al observar que el rastro dejado en el fondo, denotaba que la luz se comportaba como partículas que dejaban la marca precisa de las rendijas, sin embargo, al repetir el experimento estando ausente, pudo comprobar luego que el patrón dejado por la luz era completamente diferente, similar a la interferencia ondulatoria de dos objetos al caer sobre el agua.

Experimento de Thomas Young

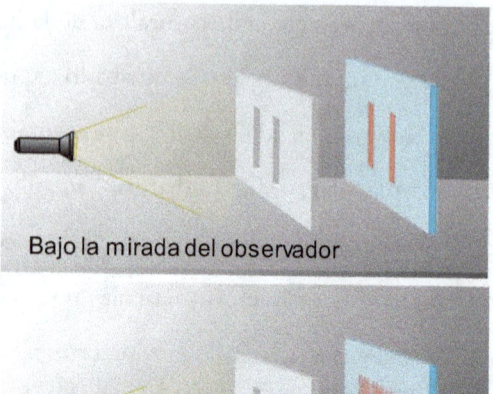

Bajo la mirada del observador

Sin ningún observador

El experimento de Thomas Young, también conocido como el experimento de la doble rendija, por mucho tiempo causó gran debate entre la comunidad ciéntifica. Pues ante la presencia del observador consciente, las partículas subatómicas emitidas, como los fotones, dejan un patrón exactamente similar a las rendijas, en la pantalla de fondo. Pero ante la ausencia del observador consciente, las partículas se comportan como ondas, de forma más desordenada, dejando un patrón parecido al de un código de barras. Esto es comparable a lo que los usuarios experimentan con sus computadores, cuando dejan la ventana de una aplicación abierta, detrás de la ventana de otra aplicación, y justo al regresar a aquella aplicación que dejó escondida detrás, a veces se logra observar una ventana sin sentido, desordenada, por unos segundos hasta que se vuelve a cargar completamente la información para que el usuario pueda volver a trabajar en ella.

Aquello lo dejó perplejo, pues comprobaba que la luz tenía una dualidad, a veces se comportaba como ondas y en otras ocasiones como partículas. Lo que nunca pudo aclarar fue el por qué ante su presencia o ante la presencia de cualquier otro observador, la luz parecía comportarse como partícula. Este experimento fascinó a grandes científicos durante muchos años, incluso a Einstein y a Bohr, sin embargo, no encontraban una respuesta concreta, pues el experimento se repitió con otras partículas muy diferentes a las de la luz, obteniendo los mismos resultados. Desde aquel primer experimento de Thomas Young han surgido muchas teorías que explican aquel comportamiento dual de las partículas, pero lo que sí está ampliamente comprobado es que el comportamiento ondulatorio de las partículas cede ante la presencia de un observador, permaneciendo solamente ésta en un solo estado como partícula. Aquello desarrolló la hipótesis de que al observar algo o, al estar una consciencia frente a la presencia de algo de forma inmediata se interacciona con aquello, con todos los objetos que en sí forman parte del mundo cuántico. Dado que, como se mencionó antes, las partículas a esta escala se encuentran aleatoriamente en todas partes. Entonces aquello también significa que, como las partículas cuánticas no tienen realmente características bien definidas, desde el momento en que son evaluadas por el observador consciente, éstas quedan condicionadas y colapsa su peculiaridad como onda, lo que da paso al concepto de la superposición cuántica.

Múltiples Alternativas

Todos alguna vez hemos pensado en cómo podría haber sido nuestras vidas de haber tomado alguna u otra decisión. Cómo tal o cual carrera, o tal vez, si hubiésemos ido aquella vez a tal evento, de pronto las cosas serían un tanto diferente. O qué tal si no hubiera aplicado para trabajar en tal compañía, qué habría ocurrido. En fin, es normal que de vez en cuando nos planteemos las múltiples alternativas de lo que hubiese ocurrido, al igual que también analizamos las múltiples opciones que tendremos más adelante, dependiendo de las decisiones que tomemos en este momento. Por lo que cuando nos encontramos ante una decisión importante usualmente, la mayoría de nosotros, extrapolamos nuestra mente hacia adelante, intentando poder visualizar cuál sería la situación a la que nos enfrentaríamos al tomar aquella decisión, logrando observar en nuestra mente todos los detalles como si se tratase de una película que estuviese pasando frente a nuestros ojos. Aunque no se haya llegado a ese punto, aquello que visualizamos es una posibilidad de lo que podría suceder, pero al igual que lo que visualizamos, existen muchas otras posibilidades que, incluso, tal vez no hayamos imaginado, por lo que, al tomar la decisión definitiva, finalmente llegamos a vivir las circunstancias que corresponden, sean parecidas o no a lo que nos imaginamos, dejando que colapsen las otras posibles situaciones que nos hubiese tocado vivir, las que al final nunca ocurrieron. Esta es otra manera en cómo podría manejarse el concepto de la superposición cuántica, pero a mayor escala.

Es indiscutible que la física cuántica abrió el compás a múltiples conceptos en cómo puede manejarse la realidad. A tal punto que nuevas teorías están retumbando entre la comunidad científica; de todas la que parece poder unificar todos los criterios y dar una explicación lógica que vaya desde lo más simple hasta lo más complejo e, incluso, hasta lo más descabellado, es el principio de la proyección holográfica.

Superposición cuántica

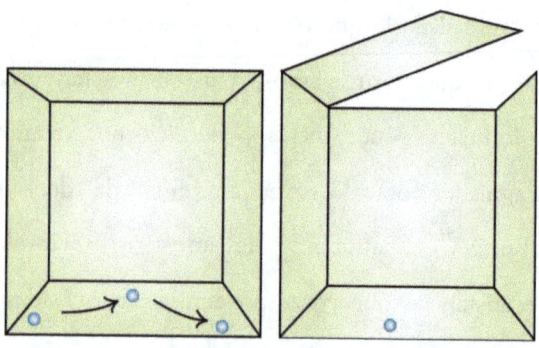

La supersposición cuántica nos explica que un objeto puede encontrarse en varios estados posibles, sin embargo, cuando un observador consciente evalúa el estado del objeto, solo podrá observar uno de sus estados probables. En la ilustración, imaginemos que dentro de una caja se encuentra una canica que se puede haber movido dentro de ella en diversas direcciones, pero al abrir y observar la esfera, nos damos cuenta el lugar exacto donde se encuentra la canica.

Más que una proyección

Para muchos los años 90's del siglo veinte fue un momento revolucionario en muchos aspectos, desde políticos, económicos y tecnológicos. Si bien habrá muchos que no se pongan de acuerdo, lo cierto es que los últimos años de aquel convulsionado siglo fue un punto de inflexión, que marcaría un antes y después de cómo viviría la humanidad, pues muchos conceptos nuevos, paradigmas en todas las áreas e ideas que sucumbirían hasta los más profundos cimientos de la religión, se harían de dominio público a través de una poderosa herramienta que repercutiría en todas nuestras actividades diarias: el internet.

En definitiva, fue el internet quien se encargó de que rápidamente en cada hogar se hiciera indispensable la presencia de un computador, pues mucho antes que se hiciera habitual la interconexión de computadoras, las personas comunes y corrientes, no sentían una gran necesidad de adquirir un artículo que para aquel entonces se consideraba solo un lujo, por no decir un capricho. Pero pronto aquello cambiaría y nos empezaríamos a acostumbrar a los sistemas operativos de ventanas y a los programas de computadora que con su famoso "undo" nos sacaban de cualquier apuro para presentar trabajos e informes perfectamente elaborados. Pero ni hablar de los videojuegos que cada vez fueron adquiriendo un aspecto más realista, industria que revolucionaría Sony con el lanzamiento de su consola PlayStation en 1994, cuyos juegos con universos muy similares a nuestra realidad, no solo hizo que nos identificáramos con sus personajes, sino que nos preguntásemos si tal vez nosotros nos encontrábamos en una situación similar que aquellos personajes. Pero aquella idea, no calaría en la consciencia colectiva de casi todos los habitantes del planeta hasta el lanzamiento de la taquillera película Matrix de 1999. Pero aquella historia original de las ahora hermanas Wachowski, tiene una base que se remonta a 1993, cuando el científico holandés Gerard 't Hooft propone por primera vez el principio holográfico, principio que luego es respaldado por Leonard Susskind en 1995.

¿Pero exactamente en qué consiste el principio holográfico?

La raíz que llevó a los dos científicos mencionados anteriormente a proponer el principio holográfico, iniciaría más de veinte años antes, cuando el físico Stephen Hawking, el mayor físico teórico del mundo, expuso en 1974 que los agujeros negros debían de emitir una radiación proporcional a la materia absorbida.

Recordemos que los agujeros negros, según la relatividad, son objetos con una gran cantidad de masa, tan increíblemente grande que distorsiona a tal punto el tejido espacio-tiempo, creando una gran fuerza gravitatoria tan intensa, que ni la luz puede escapar de ella a pesar de tener la propiedad de viajar a la más grande velocidad conocida. Los agujeros negros, no necesariamente son grandes en tamaño, pues, el concepto de que algo grande siempre tiene una gran masa no siempre va de la mano en las reglas físicas. Ahora bien, si la relatividad nos dice eso, ¿por qué Stephen Hawking contradeciría la teoría de Einstein? Simplemente debido al principio de indeterminación de la mecánica cuántica, aquel que nos habla del comportamiento dual de las partículas mencionado anteriormente, por lo que por cada materia absorbida por un agujero negro se emitiría un equivalente de energía en forma de radiación en su horizonte de sucesos, que no es más que el límite cercano al agujero negro, el punto de no retorno desde donde ya nada puede escapar a su intensa gravedad.

Esta teoría planteada por Stephen Hawking, conocida como la radiación de Hawking, fue considerada por muchos científicos como una gran fractura entre los dos más grandes conceptos de la física, la relatividad y la mecánica cuántica, dado que las leyes de una pareciera entonces contradecir a la otra. Entonces, ¿cómo podría ser posible que las leyes que pudieran regir nuestra realidad se contradijeran la una a la otra y, sin embargo, todo lo que nos rodea parece seguir un orden lógico? Pues bien, la física nos enseña que no se puede perder información, recordemos aquella ley fundamental de la física que nos dice que la materia no se destruye, sino que simplemente se transforma, bueno entonces pensemos en esa materia transformada como la información de algo que simplemente cambió, este quiere decir que la información nunca se pierde, solo permanece en otro estado, tal vez inentendible para el conocimiento humano, pero aquel objeto material, energía y materia e, incluso, información codificada sigue de alguna manera allí. Por lo tanto, aquel criterio presentado por Stephen Hawking en el que si un agujero negro, absorbe materia, la materia se destruye por completo, en pocas palabras desaparece, liberando la radiación de Hawking, radiación que según Hawking no contendría la información del material absorbido debido a que no existe una conexión real entre el agujero negro y el horizonte de sucesos por la distancia que los separa. Por tal motivo, Leonard Susskind intenta dar una explicación de lo que realmente acontecería en ese caso, otorgándole a aquella radiación liberada otro atributo: información desprendida en forma de holograma, es decir, un rastro real de aquella materia absorbida, logrando mantener su conexión con aquello que cayó dentro del agujero negro.

Aquel concepto, nos indicaría que existe dos versiones de nuestra realidad, la tridimensional que es la que conocemos, dado que es en la que vivimos e interactuamos, pero que funciona como una proyección holográfica, y otra en donde descansa en verdad toda la información de todo lo que nos rodea, nuestra verdadera realidad, es decir, nuestro universo entero, pero de forma desordenada. Ambas versiones de nuestra realidad consistirían en sí, lo mismo. Aquella explicación dada por Leonard Susskind, nos indica entonces que toda la información de nuestra realidad se encontraría almacenada en el horizonte de sucesos de nuestro universo, que, a diferencia del horizonte de sucesos de un agujero negro, estaría ubicado en algún tipo de superficie en la frontera de nuestro universo, es decir, en la frontera espacio-tiempo, desde donde probablemente ocurrió el big bang.

Representación gráfica de un agujero negro.

Los agujeros negros pueden poseer un tamaño tan diminuto como el de una bola de tenis, sin embargo, poseen tanta masa comprimida adentro, que su fuerza de gravedad absorbe con extrema fuerza todo lo que esta cercano a él. Posiblemente desintegrando toda esa materia. La luz tampoco puede escapar de su intensa gravedad, por lo que hasta recientemente la NASA, a través de la red de telescopios llamados Event Horizon Telescope (EHT), pudo capturar la imagen de uno por su contorno, denominado horizonte de sucesos, el cual resalta de forma resplandeciente en comparación con su interior. La imagen obtenida en 2019, es la de un supermasivo agujero negro en el centro de la galaxia M87.

El horizonte de sucesos de un agujero negro que, no es más que el límite entre el punto de no retorno entre su interior con su exterior, es el lugar donde se escapa en forma de radiación todo lo que es absorbido dentro de él. Esta energía contendría de forma desordnada la información de todo aquello que fue absorbido, es decir, otra versión de la realidad. Se cree que en límite de nuestro universo, al borde del espacio-tiempo, estaría el horizonte de sucesos de nuestro universo, en donde descansaría toda la información de todo lo que ha existido, existe y existirá en nuestro universo.

El Big Bang o gran explosión que originó nuestro universo, el cual inmediatamente se empezó a expandir con una velocidad incremental continua, surgió probablemente desde un sitio extremadamente pequeño, en donde en su superficie se encuentra el horizonte de sucesos y que tal como plantea el principio holográfico, debe contener la información de todo lo existente en el universo que es proyectado hacia afuera, comparable a una pequeña tarjeta de memoria de un computador.

Ahora bien, tal vez lo antes expuesto puede verse muy distante al concepto de la realidad presentado por la película Matrix o al hablar de mundos virtuales como los de los videojuegos. Por tanto, hagamos una analogía, así como Susskind afirma que la información de todo lo que nos rodea, incluyendo al universo entero y a nosotros mismos, se encuentra en un tipo de soporte, en este caso el horizonte de sucesos, que lo proyecta hacia afuera como un holograma, y que este soporte podría tener un tamaño increíblemente inferior a pesar de cargar con toda esta información. Muy similar a lo que ocurre en una computadora, como cuando pensamos en un complejo videojuego, aquellos que tienen mundos completos en tercera dimensión por niveles, en donde nuestro avatar puede inspeccionar y ver todos los detalles, que previamente un equipo de expertos programó. Sin embargo, aquel computador donde descansa esta información, no poseería jamás el tamaño que posee el mundo virtual el cual recorrimos con nuestro avatar. Y simplemente, toda esa información de aquel amplio y detallado mundo virtual, consiste en distintos tipos de instrucciones y algoritmos, desperdigados dentro del disco duro del computador, ejecutados sobre la memoria RAM.

Desde que se publicó el principio del universo holográfico y tras los sucesivos éxitos de la película Matrix, el mundo quedó cautivado con la idea de que todo lo que vemos, palpamos y con lo que interactuamos, sea parte del más grande y perfecto computador que alguna vez haya existido, un computador capaz de contener el universo entero, con sus posibles multiversos y que se organiza de la forma en como lo percibimos ante nuestra presencia como observadores conscientes y en donde nosotros solo somos una especie más de jugadores. Este concepto nos deja con muchas interrogantes. ¿Dónde se encuentra el soporte que almacena esta información? ¿Quién la programó? ¿Es todo lo antes mencionado posible? Pero entre todas las preguntas que nos podríamos hacer, una de las más cautivantes es la siguiente: si el universo funciona como un gran computador, ¿sería posible acceder de alguna manera al código fuente y reprogramar nuestra realidad?   Pues, podría ser

que sí.

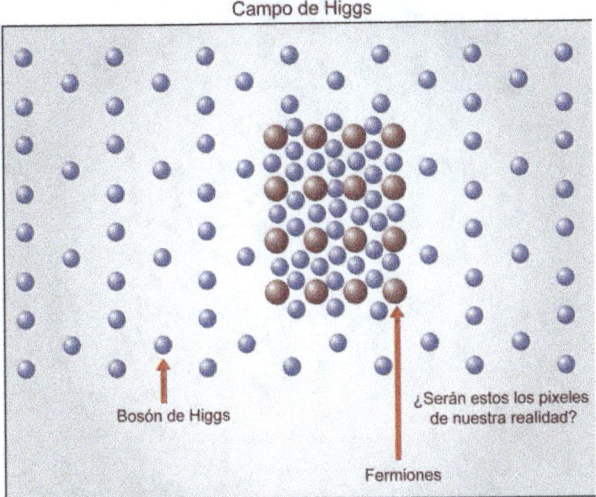

Campo de Higgs

Bosón de Higgs

¿Serán estos los pixeles
de nuestra realidad?

Fermiones

El 14 de marzo de 2013, el CERN, pudo confirmar la
existencia del Bosón de Higgs. Partícula que en 1964
el físico Peter Higgs propuso que debía de existir, en
todo el universo formando un campo, que se encarga
de interactuar con otras partículas llamadas fermiones,
las cuales conforman la estructura de los neutrones y
protones en los átomos, o sea la materia, y son las
que a través de su interacción con el Bosòn de Higgs,
liberan una fuerza que le otorga a la materia su
correspondiente masa, a pesar que los bosones en sí
no tienen masa.

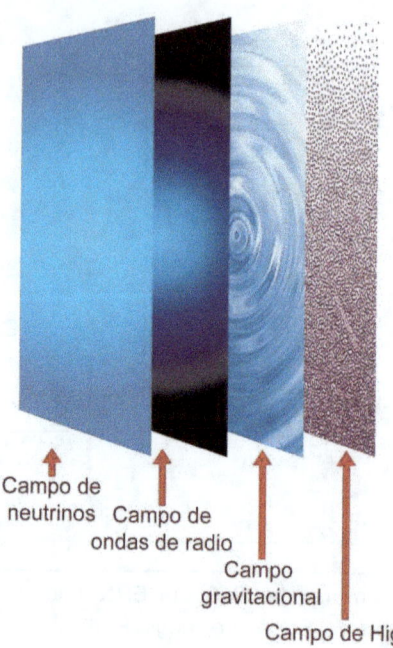

Campo de
neutrinos   Campo de
ondas de radio

Campo
gravitacional

Campo de Higgs

Nuestro universo-realidad esta compuesto por diversos tipos de campos, lo que quiere decir que el vacío del espacio, en realidad no se encuentra vacío, sino que está formado por diversos tipos de partículas que casi no se pueden percibir y que conforman estos campos, comparables a capas que interactúan entre sí, los cuales comparten un mismo espacio.

Entre esas partículas, hay dos que hasta ahora se han podido clasificar fermiones y los bosones. Existen un tipo de ferminones que forman parte de la estructura de los neutrones y protones en los átomos, que su vez forma toda la materia tangible que conocemos. Por otra parte los bosones, son partículas sin masa, de los cuales existen una gran cantidad y entre los que conocemos se encuentran los fotones de luz, los que causan la interacción débil, los responsables del electromagnetismo, y el recién descubierto bosón de Higgs, que es el que conforma el campo que lleva su mismo nombre.

4

LIDEANDO CON LAS REGLAS E INSTRUCCIONES DE NUESTRA REALIDAD

La mayoría de las personas no pensamos mucho acerca del entorno que nos rodea, debido a que, tal vez, la mayoría de nosotros debe enfocarse en resolver los conflictos de la vida cotidiana, dejando muy poco espacio para la meditación. Pero luego de haber revisado a través de este libro las diversas teorías que nos hacen pensar que el universo-realidad en la que nos desenvolvemos funcione, tal vez, como el más grande y perfecto computador que alguna vez haya existido, podríamos entonces, comparar las reglas de la física con las que interactuamos diariamente como una pequeña parte de las instrucciones o algoritmos que lo conforman. ¿Pero por qué llamarlo instrucción o algoritmo? Pues bien, debido a que por más increíble que parezca, cada regla física, se maneja de forma muy similar a las instrucciones programadas en una computadora, o algoritmo.

¿Cómo funcionan los algoritmos dentro de un computador?

Para poder comparar nuestro universo-realidad con un computador debemos comprender bien cómo funcionan las instrucciones, o sea, los algoritmos dentro de ellos. Pero antes, debemos tener claro que son en realidad. Pues bien, son un grupo de órdenes a modo de reglas preconcebidas que al seguirse ofrecen la posibilidad de resolver un problema o ejecutar una función. En el mundo informático, ellas se encargan de ofrecer al usuario un resultado, dependiendo del tipo de información que se ejecute dentro del computador. Por lo que todos los algoritmos, por regla general están compuestos de las siguientes partes: la entrada de información, él área de procesamiento de esa información, y la salida de la información procesada. La información que entra puede estar compuesta de valores numéricos, alfanuméricos, fechas, nombres o palabras, valores afirmativos o negativos, arreglos que se pueden configurar en filas e hileras, etc. En fin, la información puede ser sumamente variada y esta puede ser procesada en diversas formas, desde cálculos matemáticos simples, como suma, resta, multiplicación, división o hasta procesarse a través de complejas fórmulas matemáticas o ecuaciones, eso sí, no necesariamente todos los procesos consisten en fórmulas matemáticas, ya que pueden ser procesos comparativos u otras clases de procesos, dependiendo del tipo de información y al correspondiente resultado que se requiera. Ahora bien, una vez se tenga definido cómo sería el algoritmo, todo ese paquete completo de instrucciones se introduce a la computadora a través de un lenguaje de programación el cual, actualmente, consiste en códigos que en forma de palabras se introducen a través de un programa desarrollado para tal fin. Lejos ha quedado aquella época en que se introducían los algoritmos utilizando el mismo lenguaje de la máquina, pues recordemos que todas las computadoras, todo lo que funciona con tecnología digital hoy en día, se basa en lenguaje binario, que no es más que encendidos y apagados, en pocas palabras, el paso de una pequeña corriente eléctrica o encendido a la que le hemos asignado el número 1, y la ausencia de una pequeña corriente eléctrica o apagado a la que hemos asignado el número 0. Esta es la razón por la que es común que al referirse al lenguaje máquina o código binario se ilustre con una serie de unos y ceros. Las diferentes aplicaciones para programar, que existen hoy en día, utilizan múltiples lenguajes de programación que simplifica el código binario a través de códigos, en donde una serie de ceros y unos de pronto representan ya una instrucción específica en sí. Por ejemplo, en el código BCD Natural (8421), el 1100 representaría el número 12.

De esta forma, cada cosa que vemos dentro de nuestra pantalla del computador, celular o Tablet, en realidad está conformada por códigos e instrucciones que la conforman, por ejemplo, en un videojuego, si el usuario dentro del videojuego utiliza un automóvil, ese automóvil está completamente diseñado a base de códigos que le otorga su aspecto como tal, y la forma en cómo se mueve ese vehículo, la velocidad que alcanza, los saltos que da cuando el usuario lo maneja a través de los controles, no son más que diversas instrucciones o algoritmos que le indican a ese objeto dentro de la computadora como debe actuar. Es casi similar a lo que ocurre en la realidad, que, al conducir un automóvil, sin que lo pensemos, el auto se desplaza rigiéndose por una serie de reglas físicas o algoritmos, que abordan detalles tales como en el peso del automóvil, la velocidad de desplazamiento y las condiciones del camino. Recordemos, que muchas veces, si alguno de estos elementos sobrepasa los límites de su estabilidad puede dejar de ser seguro andar en aquel automóvil e, incluso, ocurrir un accidente.

Eternos programadores

Tal vez nuestro universo-realidad no se base en simple código binario como lo hacen los computadores, sino como abordamos anteriormente dentro de este mismo libro, se trate de un código mucho más complejo que utiliza los criterios de la compleja física cuántica, la cual apenas estamos empezando a entender un poco. Pero en fin y al cabo, al analizar nuestro entorno luego de haber explorado la posibilidad de que nuestro universo-realidad funcione como el más grande y perfecto computador que alguna vez hubiese existido, podríamos aseverar entonces que cada uno de nosotros, cada ser vivo sobre la Tierra, sin importar su especie, tamaño o condición en cierta forma, tiene un rol que va más allá de los ya conocidos como los de la cadena alimenticia, sino un rol del cual la mayoría de nosotros ni siquiera hemos analizado, el de programador. ¡Así es! Cada ser vivo agrega una instrucción más a nuestra realidad, sea a través de la forma en que pasa sus genes a otras generaciones, o a través de las contribuciones que hace al medioambiente, o través de los cambios que aporta a través de las adaptaciones que va adquiriendo para poder sobrevivir.

Aquello también nos incluye a nosotros. Sin embargo, nosotros al ser seres con una mayor complejidad, la programación que aportemos a nuestro entorno, a nuestra realidad, se extiende mucho más allá del ámbito biológico, ya que con cada aporte, con cada nuevo descubrimiento, con cada creación en sus variadas formas y con cada nueva acción, se van marcando pautas que van rompiendo paradigmas, trayendo consigo que, de alguna forma se vaya reprogramando nuestra realidad, cambiando en definitiva la forma cómo vivimos, en pocas palabras, en cómo interactuamos con la realidad.

Descifrando el código fuente

¿Exactamente qué es código fuente? Hay que entender que el concepto de concepto de código fuente va más allá que el de una simple instrucción, ya que un código fuente consiste en un conjunto de algoritmos, que al trabajar de forma sincronizada crean un programa de mayor complejidad. Sin embargo, al pensar por ejemplo del caso de un computador, este programa complejo no constituye toda la computadora en sí, simplemente funciona dentro de ella como todos los demás programas. Por lo que hay que tener en cuenta que por cada programa diferente que utilicemos hay un código fuente específico creado con múltiples algoritmos. Ahora bien, dentro de un programa se pueden agregar otros programas, pero ellos no forman parte del código fuente, son programas adicionales que, sin ellos, igual se podría ejecutar el programa principal, pero que simplemente no tendría algunos atributos adicionales. Esto es muy común en el campo de la informática, recordemos que podemos observar cómo con frecuencia ciertos programas que utilizamos de forma constante se actualizan, esas actualizaciones no forman parte del código fuente, sino que son subprogramas que se adicionan para que el programa principal que utilicemos tenga atributos adicionales.

Reprogramando nuestro código fuente

A lo largo de este libro se ha hecho constantemente una analogía entre nuestro universo-realidad con la forma en cómo funcionan las computadoras. Teniendo en cuenta que la posibilidad de que nuestro universo-realidad se maneje de forma muy similar nace desde el momento en que el físico Thomas Young hizo su experimento con la luz dejando muchas interrogantes. Finalmente, las incongruencias entre la Teoría de la Relatividad y las encontradas en los principios preliminares de la física cuántica, hicieron comprender a los científicos que había algo que se escapaba debido a que las leyes de la física, por sentido común, no pueden tener brechas que las separen, por lo tanto, a partir de Gerard 't Hooft y Leonard Susskind, aunado a la forma en como cada uno de nosotros lograba interactuar con las computadoras que ahora teníamos en casa, hizo que realmente asimiláramos la posibilidad de que en definitiva nuestro universo-realidad funcione como una especie de complejo y gran computador, dado que ya hay un fundamento científico altamente comprobable para que lo consideremos. Ahora bien, tal vez muchos dirían que aquello significaría que todo lo que vivimos no es real, pero no necesariamente hay que verlo de esa manera, pues, recordemos que todos los trabajos que realizamos dentro de un computador son reales, sin importar las herramientas informáticas que utilicemos, lo que hagamos ahí tiene un fuerte impacto en nuestra vida cotidiana. Adicionalmente, hay quienes tal vez pensaran que lo expuesto en este libro contradeciría las enseñanzas religiosas que, sin importar nuestro credo, hayamos recibido, pero si lo analizamos profundamente, una de las preguntas que surgen al pensar en nuestro universo-realidad como un gran computador sería, ¿quién lo programó? Ya que es demasiado perfecto y complejo. Obviamente es muy difícil que tengamos respuesta a esa pregunta, por lo que lo mejor es que cada uno de nosotros nos refiramos a nuestra enseñanza religiosa para responder esa pregunta. Ahora bien, surge otra pregunta en la que tal vez podamos tener mayor inherencia: ¿Podríamos reprogramar nuestro código fuente, el de nuestra realidad, para sacar partido y mejorar nuestras vidas? La respuesta es sí.

Dependiendo de la situación personal, muchas personas, podrían pensar que es muy difícil cambiar la realidad en la que se encuentran, pero pensemos por un instante en el siguiente ejemplo: un joven proveniente de un hogar humilde, se esmera en sus estudios escolares, al punto que logra obtener una beca universitaria, en un par de años se convierte en un consolidado profesional, lo que le genera un mejor nivel de vida. Aquel joven, con mucho esfuerzo ejecutó una serie de acciones que fue reprogramando el destino que le esperaba, para lograrlo tuvo que pensar en ello, estudiar, esforzarse y actuar, pasando cada prueba que se le presentaba, alcanzando su objetivo. Este ejemplo nos muestra que cada uno de nosotros somos programadores de nuestro destino, pues cada acción que ejecutemos repercute de alguna forma con todo lo que nos ocurrirá después.

¿Pero y que tal si pudiéramos alterar nuestra realidad más allá de lo que nuestra lógica nos indica? ¿Podría ser eso posible? Ciertamente el ejemplo con aquel joven que se propuso estudiar para cambiar su realidad es algo que lógicamente sabemos que se puede realizar, porque de seguro todos sabemos de algún caso similar del cual comentamos con admiración. Pero de allí a poder alterar la realidad más allá de lo que parece posible, ¿acaso aquello podría suceder? A pesar de que todos hemos escuchado aquella frase que dice que todo es posible, muy en el fondo, damos por sentado que aquello no es completamente cierto, sin embargo, a pesar de eso, son comunes las historias que nos parece excepcionales, como, por ejemplo, personas que sobreviven a grandes catástrofes a pesar de tener todo en su contra, o quienes se logran curar de enfermedades malignas de forma milagrosa. ¿Pero cómo es eso posible? Si lo pensamos con detenimiento, es como si de alguna manera ciertas personas tuvieran, literalmente, la capacidad para acceder a partes del código fuente de nuestra realidad que son mucho más complejas, capaces de, incluso, alterar lo que por lógica podría ocurrir, rompiendo prácticamente con las reglas de nuestra realidad. Pero ¿cómo logran estas hazañas de grandes magnitudes? Tal vez simplemente se trate de algo que hemos escuchado desde que somos muy pequeños: fe.

Más que fe

Para muchas personas el término fe hace referencia directamente a las creencias religiosas, algo que por cierto es muy personal, y no es para menos, debido a que desde que estamos muy pequeños se nos inculca seguir el credo religioso de nuestra familia con absoluta fe, pero sin adentrar en los distintos tipos de credos religiosos, hay algo que casi todas comparten en común: la oración.

En un artículo publicado en 1988 por la revista médica Southern Medical Journal, se mostraron los resultados de un estudio que hizo el médico Randolph C. Byrd con pacientes enfermos del corazón del Hospital General de San Francisco, el cual dividió en dos grupos, en donde en uno se oraba para que la salud de los pacientes se mejorase y en el otro grupo no se oraba. Para sorpresa, aquellos pacientes del grupo por el cual se oraba, mejoraron sustancialmente sus condiciones de salud, sin embargo, los pacientes del otro grupo, seguían presentando graves complicaciones médicas. Pero claro, para las personas escépticas, aquellos resultados no tuvieron gran valor, pero la mayoría de nosotros no necesita leer el informe de estudio para poder saber de alguien que ha mejorado su salud gracias al poder de la oración. Por otra parte, al parecer, la oración no parece ser el único mecanismo existente para poder de alguna manera alterar la realidad. Algunas personas especiales utilizan lo que se conoce como la meditación.

La meditación es una disciplina que ha estado practicándose en el oriente asiático desde varios siglos antes de Cristo, alcanzó su máximo reconocimiento a partir del surgimiento del budismo. ¿Pero en qué consiste esta práctica que actualmente es frecuente en casi todo el mundo? Pues bien, esta práctica consiste en nada más y nada menos que en enfocar la mente, a tal punto que logre liberarse de los pensamientos cotidianos. Su mayor propósito para algunos, es lograr que la mente alcance un nivel elevado de comprensión y tranquilidad. Sin embargo, el espectro del concepto de la finalidad real de la meditación es bastante amplio, dependiendo de la cultura y la religión, para algunos, se trata de un método para alcanzar un estado de serenidad, para otros para elevar su nivel de consciencia e, incluso, muchos se van más allá y a través de este tipo de enfoque buscan alcanzar sus metas personales y materiales, enfocando claramente los logros que desean obtener. Claro, tal vez esta última parte no es lo que va acorde con la mayoría de las religiones que habitualmente tienen esta práctica, pero muchas personas le han dado ese enfoque y afirman haber logrado alcanzar sus metas a través de este método.

En fin, mientras algunos oran, meditan y otros simplemente piden al universo un cambio que les mejore sus vidas, en definitiva, es posible que exista un mecanismo en que el ser consciente pueda, no solo interactuar con nuestra realidad, como ha sido demostrado a nivel cuántico, sino que a través de estas prácticas algunas personas logren de alguna manera acceder al código fuente de la realidad para reprogramarlo. Pero todos estos casos tienen algo en común, más que la fe, una fuerte convicción, absolutamente determinada de que lo que quieren obtener de alguna forma lo van a recibir y que ese momento se va a dar en un tiempo prudencial. Pero claro, hay que tener en cuenta que, en estas historias, van acompañadas con la acción correspondiente a esos logros, porque, en fin, los pensamientos tienen que ir siempre acorde con la forma en como actuemos y las decisiones que tomemos, que juntas conforman algo que muchos consideran una fuerza imparable: la voluntad humana.

No olvidemos los experimentos que hizo el Doctor Masaru Emoto junto a diferentes científicos al congelar el agua, en donde se aseguraba que las moléculas de agua expuestas a música, palabras y emociones positivas, adquirían bellas formas simétricas a diferencia de aquellas moléculas que provenían de agua contaminada, o simplemente de agua pura que no eran sometida a toda aquella buena vibra.

Por tanto, en un universo-realidad que funciona como un gran y perfecto computador, uno que tiene una capacidad para ejecutar infinita cantidad de instrucciones y algoritmos, es posible que hasta lo que nos parezca lo más inverosímil en algunas ocasiones simplemente pueda ocurrir, pues solo sería cuestión de que los códigos de alguna manera se alteren, en fin, como siempre hemos escuchado decir, todo, ¡absolutamente todo es posible!

Bibliografía

Luis María Ravagnan. 1981. Conducta y experiencia. Memoria Académica, Repositorio institucional de la Facultad de Humanidades y Ciencias de la Educación de la Universidad Nacional de La Plata.

Osama A. Zaidat y Adam J. Lerner. 2020. El Pequeño Libro de la Neurología. Elsevier.

Vega Pérez-Chirinos Churruca. 2012. Identidad y redes sociales. Austral Comunicación.

The day UFOs stopped play. BBC News. https://www.bbc.com/news/magazine-29342407

Weird weather saved America three times. The Washington Post. https://www.washingtonpost.com/history/2019/03/20/weird-weather-saved-america-three-times/

Dancing plage of 1518. Britannica. https://www.britannica.com/event/dancing-plague-of-1518

Stephen Hawkings. 1988. Breve Historia del Tiempo. Editorial Bantam Books.

El desconcertante caso del fantasma de Endfield. BBC News.

https://www.bbc.com/mundo/noticias-44560599

Aparición de ciudad Flotante en el cielo de china revoluciona la internet, Europa Express. BBC News.
https://www.europapress.es/desconecta/viral/noticia-aparicion-ciudad-flotante-cielo-china-revoluciona-internet-20151020135726.html
BBC Mundo
https://www.bbc.com/mundo/noticias-40531570

Diego L. Valladares, Ramón Sanz Ferramola. 2011. Interpretación de Copenhague: de la explicación al instrumento predictivo. Fundamentos en Humanidades Universidad Nacional de San Luis – Argentina Año XII – Número I (23/2011)

Raphael Bousso. 2002. The holographic principle, Institute for Theoretical Physics, University of California, Santa Barbara, California 93106, U.S.A.

Jesús Galíndez, Juan Carlos Galíndez, Hebert Elías Lobo Sosa, Jesús Briceño Barrios, Galbis Alberto Galíndez, Matilde Luisa Malavé Maza. 2007. La física cuántica en el pensamiento, la acción y el Sistema neuronal. Universidad de Los Andes Vicerrectorado Académico CODEPRE

Carmen A Núñez. 2006. La paradoja de la pérdida de información en agujeros negros. IAFE, CONICET

F. Belgiorno, S.L. Cacciatori, M. Clerici, V. Gorini, G. Ortenzi, L. Rizzi, E. Rubino, V.G. Sala, D. Faccio. 2010. Hawking radiation from ultrashort laser pulse filaments. University, Edinburgh, Scotland EH14 4AS, UK (Dated: September 24, 2010)

Algoritmo y Estructura de Datos. Esmitt Ramírez. 2015. Universidad Central de Venezuela Facultad de Ciencias Escuela de Computación, ISSN 1316-6239. 2015-01 Centro de Computación Gráfica de la UCV.

Positive Therapeutic Effects of Intercessory Prayer in a Coronary Care Unit Population. 1988. RANDOLPH C. BYRD, MD, San Francisco, California. July 1988 • SOUTHERN MEDICAL JOURNAL • Vol. 81, No. 7.

AJAHN AMARO. 2016. MANUAL BÁSICO DE MEDITACIÓN BUDISTA ENCONTRANDO LA PAZ PERDIDA. Amaravati Publications.